Awad Mogoda

Antimónio e a sua película de óxido anódico

Awad Mogoda

Antimónio e a sua película de óxido anódico

Investigação em H2SO4 concentrado por técnicas de CV, EIS, SEM e AFM

SciencIaScripts

Imprint
Any brand names and product names mentioned in this book are subject to trademark, brand or patent protection and are trademarks or registered trademarks of their respective holders. The use of brand names, product names, common names, trade names, product descriptions etc. even without a particular marking in this work is in no way to be construed to mean that such names may be regarded as unrestricted in respect of trademark and brand protection legislation and could thus be used by anyone.

Cover image: www.ingimage.com

This book is a translation from the original published under ISBN 978-620-8-41515-0.

Publisher:
Sciencia Scripts
is a trademark of
Dodo Books Indian Ocean Ltd. and OmniScriptum S.R.L publishing group

120 High Road, East Finchley, London, N2 9ED, United Kingdom
Str. Armeneasca 28/1, office 1, Chisinau MD-2012, Republic of Moldova, Europe
Managing Directors: Ieva Konstantinova, Victoria Ursu
info@omniscriptum.com

Printed at: see last page
ISBN: 978-620-8-52476-0

Antimónio e a sua película de óxido anódico

Investigação em H_2SO_4 concentrado por técnicas de CV, EIS, SEM e AFM

Por Awad Sadek Mogoda
Professor Dr. de Físico-Química
Universidade do Cairo, Faculdade de Ciências,
Departamento de Química
awad.sadek@cu.edu.eg

Índice

1. Prefácio

Os eléctrodos de película de antimónio são utilizados na análise electroquímica por stripping (em meios mais ácidos) para a medição de vestígios de metais pesados e de outras espécies de interesse associadas à monitorização ambiental. Também a oxidação eletroquímica de ácidos húmicos no elétrodo de óxido de estanho dopado com antimónio e níquel (elétrodo Ni - Sb - SnO_2 / Titânio) de águas subterrâneas e superficiais tem atraído mais atenção. A presença de ácidos húmicos na água causa muitos problemas, tais como atuar como substrato para o crescimento de microrganismos, proteger algumas bactérias, reduzindo assim o efeito da desinfeção, complexar com metais pesados como o Fe, o manganês e o chumbo, dificultando assim a sua remoção, promover a corrosão das canalizações e reagir com o cloro para produzir substâncias tóxicas.

A grande procura de antimónio menos dispendioso como fotocondutor atrativo e dos seus óxidos como condutor de protões para a preparação de dispositivos de visualização electrocrómica reforça o estudo das propriedades electroquímicas do antimónio e dos seus óxidos. O presente estudo foi realizado para investigar o comportamento de corrosão do antimónio (Sb) e a estabilidade do revestimento anódico gerado na sua superfície numa solução de 4,97 M H_2SO_4 utilizando voltametria cíclica (CV), espetroscopia de impedância eletroquímica (EIS), polarização potenciodinâmica, microscopia eletrónica de varrimento (SEM) e microscopia de força atómica (AFM). De acordo com os dados de CV, o valor do patamar de corrente aumenta à medida que a taxa de varrimento aumenta, indicando que o desenvolvimento da camada anódica na superfície do Sb ocorre através de um mecanismo de migração de baixo campo. Os resultados do EIS confirmaram que a película de óxido pré-imersão e a camada anódica produzida no Sb são susceptíveis de dissolução em solução ácida concentrada. Os resultados da polarização revelaram que, quando a temperatura aumenta, a taxa de corrosão do Sb na solução ácida aumenta. A investigação da superfície SEM e AFM da camada anódica gerada na superfície de antimónio revelou que esta é homogénea em toda a sua extensão na superfície e não tem poros. Para a corrosão do Sb em solução ácida concentrada, foram calculados os parâmetros termodinâmicos E_a (energia de ativação), ΔH (variação de entalpia) e ΔS (variação de entropia).

2. Introdução

O antimónio foi utilizado como electrocatalisador para a conversão eletroquímica de energia e como inibidor no controlo da corrosão do ferro e do aço [1]. Desde a antiguidade até aos dias de hoje, o valor do antimónio e dos seus compostos na medicina tem sido compreendido [2]. As principais aplicações do antimónio metálico são como material de liga para o chumbo e o estanho, para melhorar as propriedades das ligas que são utilizadas em soldas, balas e chumaceiras. O antimónio é amplamente utilizado como aditivo de liga em ligas de chumbo para a fundição de grelhas de baterias de chumbo-ácido [3-5]. Foi estabelecido que afecta significativamente não só a fundição e as propriedades mecânicas das ligas, mas também tem um forte impacto nos processos electroquímicos da placa positiva da bateria. A ausência de antimónio limita consideravelmente a vida útil da bateria quando esta é sujeita a descargas profundas. Os compostos de antimónio são aditivos proeminentes para retardadores de fogo contendo cloro e bromo encontrados em muitos produtos comerciais e domésticos.

A utilização biomédica do elétrodo de pH de antimónio policristalino é dificultada pela dependência do oxigénio e pela baixa resolução do pH (pH 0,1). Embora a resolução do pH seja melhorada através da utilização de antimónio monocristalino orientado cristalograficamente (COMA) altamente purificado, o efeito do oxigénio no elétrodo mantém-se. É utilizado um procedimento de calibração que utiliza uma solução de oxigénio zero para obter leituras absolutas do pH solução de medição com níveis de oxigénio pré-definidos ou conhecidos [6]. O antimónio também foi utilizado anteriormente como elétrodo indicador de pH [7-12].

Verificou-se que os óxidos de antimónio apresentam algumas propriedades promissoras como catalisadores para reacções de evolução do oxigénio [13] e como condensadores de película fina [14,15]. Atualmente, o óxido de antimónio é considerado um fotocondutor atrativo [16] devido ao seu baixo custo, embora a sua durabilidade seja baixa devido à corrosão. Uma mistura de Sb_2O_3 - x H_2O e Sb_2O_5 - y H_2O foi utilizada como condutor de protões para a preparação de um dispositivo de visualização electrocrómico do tipo WO_3 [17]. Uma película de óxido hidratado de antimónio, $HSbO_3$. x H_2O, foi sintetizada por Chowdhry et al. [18]. Verificou-se que era um bom condutor de protões por condução do tipo Grothus.

Tourky e Mousa [19,20] estudaram o comportamento do elétrodo de antimónio em soluções tampão arejadas e desarejadas de pH 1-10. Os resultados mostraram que o elétrodo de antimónio se comportou em ambas as soluções como um elétrodo de metal - óxido de metal - oxigénio em vez de um elétrodo de metal - óxido de metal. Nas soluções aeradas, os valores do potencial estacionário foram superiores em cerca de 0,1 V aos valores termodinâmicos. Este facto pode ser explicado pela presença de dupletos de oxigénio na superfície do elétrodo, o que conduz a um efeito de sobretensão do oxigénio. A presença destes dupletos mascara as propriedades anfotéricas do trióxido e conduz a uma relação potencial - pH linear, como a que se baseia nos valores de potencial em estado estacionário. Mas em soluções desarejadas, a curva potencial-pH consiste em quatro linhas paralelas separadas umas das outras por declives mais acentuados a partir de pH cerca de 2, 5 e 8.

O antimónio ocupa uma posição intermédia entre os metais reactivos e inertes [21,22]. O comportamento metal-valor do antimónio foi reconhecido pela primeira vez por Giintherschulze et al. [23,24] que apresentaram as caraterísticas de filmes anódicos formados até 100 V em soluções de $ZnS04$ e $K2C03$.

A constituição química da película de óxido formada anodicamente sobre o antimónio foi examinada desde cedo por muitos investigadores. El-Wakkad e Hickling [25] investigaram a natureza dos óxidos formados sobre o antimónio durante a polarização anódica, utilizando o método de carga. As curvas de polarização anódica mostraram duas paragens, tanto em soluções ácidas como alcalinas. Estas paragens foram atribuídas à formação de uma camada relativamente espessa de $Sb2O3$ no elétrodo, por baixo da qual se produziu posteriormente uma película espessa de $Sb205$. A formação intermédia de Sb_2O_4 foi sugerida a densidades de corrente muito baixas.

Bishop e Short [26] investigaram a eletroquímica do antimónio em KCl 0,03 M oxigenado (pH 7). Atribuíram o processo de controlo do potencial a baixas densidades de corrente anódica e a elevadas concentrações de oxigénio à seguinte reação:

$$2\ Sb + 3\ H_2O = Sb_2O_3 + 6\ H^+ + 6\ e \quad (1)$$

e a altas densidades de corrente anódica para a reação.

$$Sb_2O_3 + 2\ H_2O = Sb_2O_5 + 4\ H^+ + 4\ e \quad (2)$$

Ammar e Saad [27] estudaram o comportamento anódico do Sb em 0,1 N H_2SO_4, HCl, H_3PO_4, $HClO_4$ e HNO_3 a 30 °C. O crescimento do filme de óxido ocorre apenas nos três primeiros ácidos, enquanto a dissolução anódica é o processo principal nos outros dois ácidos. Os mesmos autores [28] estudaram o crescimento da película anódica de óxido sobre antimónio em soluções de Na_2SO_4, NaCl, K_2CO_3, Na_3PO_4 e NaOH. A anodização produz relações lineares potencial/tempo (até 50 - 60 V) tanto em soluções de sulfato como de cloreto, particularmente a densidades de corrente relativamente elevadas. Em soluções alcalinas, no entanto, a dissolução ativa ocorre antes do crescimento do óxido. Este último é caracterizado por duas regiões na curva de carga anódica.

A polarização potenciodinâmica do antimónio em soluções ácidas e alcalinas foi investigada por Wikstrom e Nobe [29]. Em soluções ácidas, foram observados dois potenciais de transição em torno dos potenciais de equilíbrio das reacções Sb/Sb_2O_3 e Sb_2O_3/Sb_2O_5. Em soluções alcalinas, apenas a reação Sb/Sb_2O_3 foi .

Tourky e Mousa [30] examinaram a solubilidade e as propriedades anfotéricas do trióxido e pentaóxido de antimónio altamente purificados. Os resultados mostraram que as solubilidades destes dois óxidos em água a 35 ^{0}C eram $4,48\times 10^{-5}$ e $2,71\times 10^{-4}$ mol/L, respetivamente. Foram estudadas as propriedades dieléctricas, nomeadamente a dependência da frequência (100 Hz a 20 kHz) e da temperatura (10-110 ^{0}C) da capacitância e do fator de perda tan δ das películas de Sb_2O_3 crescidas sobre base de antimónio, com espessura de óxido de 50-200 Å [31].

Hukovic e Lovrecek [32] estudaram as propriedades da película de óxido formada galvanostaticamente sobre antimónio até potenciais elevados através da aplicação de métodos ópticos e electroquímicos tradicionais. Concluiu-se que a película de óxido formada anodicamente sobre o antimónio é um semicondutor do tipo n com um intervalo de banda larga de 3 eV. Os mesmos autores investigaram [16] o comportamento eletroquímico do sistema Sb - camada de óxido - 0,05 M H_2SO_4 usando impedância, fotopolarização e registando caraterísticas voltamétricas na presença do par redox $K_3Fe(CN)_6$ - $K_4Fe(CN)_6$. A impedância e a polarização fotoeléctrica revelaram-se muito sensíveis e adequadas para a investigação da estrutura e da mudança de fase do sólido in - situ com alterações potenciais em polarização contínua.

Foi investigado o comportamento eletroquímico de películas de Sb_2O_5 em três pares redox diferentes [33]. As películas de Sb_2O_5 com a espessura desejada foram preparadas utilizando o método de deposição de vapor químico por pulverização. As películas com uma espessura de 120 nm ou mais representam semicondutores homogéneos do tipo n. O comportamento eletroquímico das películas de óxido preparadas indica um controlo misto no qual o processo de transferência de carga desempenha um papel importante, especialmente a velocidades de rotação superiores a 2500 rev. min^{-1}. O potencial aplicado é dividido entre a região de carga espacial da película de óxido semicondutor e a camada de Helmholtz na interface elétrodo/eletrólito.

Alguns investigadores fizeram algumas sugestões para a constituição química real da película de óxido anódico sobre o antimónio, como se indica a seguir. A formação de uma camada anódica durante a oxidação do antimónio em soluções de ácido sulfúrico, bem como a estrutura e as propriedades da camada, foram estudadas utilizando voltametria de varrimento linear, oxidação potenciostática, medições de impedância CA, análise de difração de raios X e microscopia eletrónica de varrimento [34]. As investigações electroquímicas, bem como a forma dos espectros de impedância durante a passivação do elétrodo, indicam que a camada superficial tem provavelmente uma estrutura complicada. Nas condições destas experiências, a película passivadora é principalmente amorfa, semelhante a um gel, apresentando uma boa condutividade iónica e uma taxa de dissolução relativamente elevada.

Foi formada uma camada passivante superfície do elétrodo de antimónio durante a sua oxidação anódica em soluções de ácido sulfúrico [35]. Na fase inicial da oxidação, a camada é constituída por óxido e/ou hidróxido de Sb amorfo, mas com o aumento do tempo de oxidação agregados de cristais semelhantes a bigodes de um produto de oxidação trivalente, $Sb_4 O_4 (OH)_2 SO_4$. A identificação deste composto foi feita por difração de raios X em pó ex situ, e o resultado foi confirmado por microssonda eletrónica e análise espectroscópica de fotoelectrões de raios X.

Durante a polarização anódica do antimónio, foi observada a formação de uma camada anódica tipo gel [36]. Os resultados voltamétricos e a forma dos espectros de impedância durante a polarização do elétrodo sugerem que a camada anódica é constituída por duas subcamadas. Supõe-se que se forma uma camada semelhante a um gel de sulfato básico de antimónio, designada por $Sb(OH)SO_4$. O ácido sulfúrico penetra na camada. O fluxo de difusão SO_4^{2-} é provavelmente menor do que o fluxo de iões de antimónio formado pela oxidação eletroquímica do antimónio. Assim, ocorre a alcalinização desta segunda camada à superfície do metal e forma-se hidróxido de antimónio, designado por SbOOH.

A oxidação anódica do antimónio a potenciais superiores a 0,0 V em solução de ácido forte foi investigada [37] utilizando voltametria de varrimento linear, polarização potenciostática , foto-voltametria e medições de impedância CA. A estrutura da camada anódica foi observada por microscopia eletrónica de varrimento e a sua composição de fase foi determinada por difração de raios X. A potenciais superiores a 0,0 V, após a passagem de uma certa quantidade de carga através do elétrodo, forma-se uma multicamada anódica. Esta é constituída por uma camada de barreira no lado do metal, uma camada semelhante a um gel de sulfato básico no lado da solução e uma camada de hidróxido no meio. O crescimento da camada de barreira é determinado por uma migração iónica assistida por campo elevado. Esta camada tem propriedades semicondutoras e um intervalo de banda de 2,2$\pm$ 0,1 eV. A sua formação é essencial para alcançar condições adequadas para a nucleação de klebelsber-gite ($Sb_4O_4(OH)_2SO_4$), que é estável em soluções de H_2SO_4.

A oxidação anódica do antimónio em soluções de ácido fosfórico foi estudada no âmbito de uma investigação sobre o mecanismo das fases iniciais do crescimento de películas anódicas em metais [38]. Neste caso especial, os chamados períodos de indução de potencial constante que precedem o aumento quase linear do potencial numa experiência galvanostática são explicados pela formação de uma camada semicondutora no elétrodo de antimónio.

A polarização anódica do antimónio foi estudada em soluções de fosfato, borato, succinato e ftalato utilizando a técnica galvanostática [39]. Verifica-se que a taxa de formação do óxido anódico aumenta com o aumento da densidade de corrente na mesma solução salina. À semelhança da taxa de formação de óxido, a intensidade de campo é mais elevada no ftalato e mais baixa na solução de fosfato. As relações lineares entre o logaritmo da densidade de corrente e (1) a capacidade recíproca e (2) o potencial, indicam a validade da aproximação de campo elevado para os resultados obtidos. Nas quatro soluções salinas aqui utilizadas, os valores calculados para a espessura do óxido pré-polarização são inferiores a 20 Å. Verifica-se que a altura e a distância de ativação da barreira energética para o transporte de iões através da fase de óxido dependem da natureza aniónica da solução polarizante.

Um procedimento para o cálculo das principais caraterísticas de películas finas de óxido anódico sobre ligas de Sb e Sb+ Bi (constante dieléctrica da película , intensidade de campo, parte do potencial aplicado consumido na interface metal/filme e difusividade dos principais portadores de carga) é avançado com base num mecanismo de transporte Nernst-Planck de defeitos responsáveis pelo crescimento da película e num mecanismo Poole-Frenkel de geração de fotocorrentes [40]. Os espectros de fotocorrente são processados e discutidos à luz da contribuição de duas fases - uma camada semelhante a Sb_2O_3e outra semelhante a Bi_2O_3- para a dependência da fotocorrente total em relação ao comprimento de onda.

A dissolução anódica do antimónio é importante para o polimento e a secção do metal, pelo que se apresenta aqui uma revisão concisa dos estudos realizados neste domínio. Grube e Schweigardt [41] estudaram o comportamento anódico do antimónio em soluções de hidróxido de potássio por métodos voltamétricos. Verificaram que, a baixas densidades de corrente, o antimónio se dissolvia para dar soluções de antimonite ($KSb0_2$), mas que, a densidades de corrente mais elevadas, ocorria passividade, ficando o elétrodo revestido com uma camada de óxido branco. As soluções de antimonite podiam ser oxidadas anodicamente a antimonato ($KSb0_3$) num ânodo de platina, mas a reação aparentemente ocorria indiretamente pela ação do oxigénio libertado no ânodo.

Huq et al.[42] investigaram a dissolução anódica de antimónio monocristalino em $HClO_4$ 1,0 M (pH = 0,04). Em solução ácida, foi obtido um declive Tafel anódico de 120 mV. Foi observada uma transição ativo-passivo a 0,40 V versus SHE com uma densidade de corrente crítica de 4,5 mA cm^{-2}. A passivação foi atribuída à formação de Sb_2O_5. Num outro estudo [43], estes investigadores obtiveram um declive de Tafel de 180 mV e uma densidade de corrente de troca de 2,0μ A cm^{-2} para a reação de evolução do hidrogénio no antimónio em 1,0 M $HClO_4$.

O mecanismo de dissolução anódica do Sb em soluções de H_2SO_4, HCl e KOH foi investigado por Wu et al. [44]. Os declives de Tafel são de 24 mV em ambos os ácidos e de 116 mV em soluções de KOH. A formação de uma película adsorvida de Sb_2O_3 é sugerida em todas as soluções. Os autores postularam a dissolução desta película em iões antimonílicos SbO^+ como o passo determinante da taxa em soluções ácidas. Em soluções alcalinas, no entanto, os resultados indicam uma descarga determinante da taxa de iões OH^-. O mecanismo da dissolução anódica de Sb em soluções de K_2CO_3, Na_3PO_4 e NaOH foi estudado por Ammar e Saad [28]. Os resultados mostraram que a formação de $HSbO_2$ é um passo determinante.

A dissolução anódica do antimónio em HCl desarejado foi estudada [45] utilizando um elétrodo de disco de anel rotativo. Os produtos intermédios e finais da dissolução anódica do antimónio em HCl 1,0 N e 6,0 N foram investigados. O produto de dissolução na região ativa contém Sb^{3+} juntamente com iões de baixa valência de antimónio (Sb^+), que são instáveis na solução e são oxidados pelos componentes da solução em Sb^{3+}. A dissolução anódica do antimónio em soluções aquosas 0,001-0,1 mol/L de NaC1O4 foi estudada [46] utilizando um método galvanodinâmico. Foi dada uma explicação para o aumento da taxa de dissolução anódica com o aumento da concentração do eletrólito. Isto ao aumento fração de polarização química, em comparação com a polarização de concentração e pela formação de complexos aqua e hidroxi do metal.

Foi estudada a cinética da electro-oxidação e da electro-redução de antimónio em soluções alcalinas, bem como a electro-deposição de antimónio a partir de antimónio trivalente em Sb [47]. O potencial de repouso (em volt vs. SHE) segue a relação, E_o= 0,152 - 0,059 pH e segue de perto o potencial de estado estacionário para a reação redox

$$2\ Sb + 6\ OH^- = Sb_2O_3 + 3\ H_2O + 6\ e \qquad (3)$$

São apresentadas equações cinéticas empíricas para as taxas de dissolução anódica e de electro-redução do antimónio. Também é dada uma equação cinética empírica para a eletrodeposição de antimónio a partir de SbO_2^- .

A dissolução anódica do antimónio em soluções alcalinas de fosfato foi investigada [48] utilizando uma técnica galvanostática. Verificou-se que a taxa de dissolução anódica depende do pH e apresentou um declive de Tafel de 195 mV/década. Verificou-se que a ordem de reação em relação ao OH^- era aproximadamente igual a um. A taxa de dissolução do antimónio a um valor de pH constante aumenta com a agitação da solução e a temperatura de dissolução. A energia de ativação para o processo de dissolução anódica foi de 20,3 k cal mol^{-1}. A natureza do anião afectou a dissolução anódica a pH 7, enquanto a pH 12 os mesmos aniões não têm qualquer efeito. A taxa de dissolução do antimónio aumenta com o aumento da concentração do ião fosfato até 1,0 N; uma concentração superior a este valor diminui a dissolução.

Os processos de corrosão em condições de circuito aberto e na região de dissolução ativa do antimónio, a baixos sobrepotenciais anódicos, foram estudados [49] em soluções de H_2SO_4 . Foi estabelecido que a dissolução do antimónio em circuito aberto está associada à redução do oxigénio, que ocorre através da via do peróxido de hidrogénio. Verificou-se que a taxa de dissolução do antimónio aumenta linearmente com o aumento da concentração de ácido. Com base em medições potenciodinâmicas, galvanodinâmicas e de estado estacionário, bem como em dados de impedância CA, são propostos e discutidos possíveis mecanismos para os processos de corrosão em circuito aberto, bem como para a dissolução do antimónio na região ativa.

O comportamento eletroquímico das películas de antimónio e de óxido de antimónio (Sb_2O_3) formadas em soluções de ácido sulfúrico (H_2SO_4) e de ácido fosfórico (H_3PO_4) foi estudado utilizando técnicas de potencial de circuito aberto, polarização e espetroscopia de impedância eletroquímica (EIS) [50]. Os resultados mostraram que o elétrodo de antimónio é menos atacado por H_3PO_4 do que por soluções de H_2SO_4. As películas de óxido formadas em solução de H_3PO_4 são muito mais espessas e menos dissolvidas do que as formadas em H_2SO_4. O aumento da tensão de formação produz películas de óxido muito mais espessas que têm um carácter mais defeituoso e baixa estabilidade. Os resultados indicaram que a anodização com ácido fosfórico é superior à anodização com ácido sulfúrico para o Sb. Sugere-se um modelo de circuito equivalente para o processo do elétrodo.

Nas grelhas das baterias de chumbo-ácido, o antimónio é utilizado como componente de liga [3-5]. Afecta a fundição da liga e as propriedades mecânicas, bem como as reacções electroquímicas na placa positiva da bateria. Devido à falta de antimónio, a vida útil da bateria é limitada, especialmente após descargas profundas. O comportamento eletroquímico do antimónio e a estabilidade das suas películas de óxido anódico em várias soluções aquosas e de mistura alcoólica foram previamente investigados [39,48,51-58]. Foram estudados os efeitos do antimónio nos processos electroquímicos de um elétrodo de chumbo em ácido sulfúrico [59-61].

Dependendo da tensão do elétrodo, a oxidação do Sb na liga resultou numa mistura de óxidos de chumbo e antimónio de várias composições [60,61].

3. Técnicas experimentais

3.1. Materiais

A barra de antimónio (99,99%) foi colada num tubo de vidro com um diâmetro interno adequado utilizando resina epoxídica, deixando uma superfície de antimónio de 0,283 cm^2. O elétrodo foi lixado até ao grão 2000 com vários tipos de folhas de esmeril, depois limpo com um pano delicado até ficar com uma superfície brilhante como um espelho e depois lavado com água bidestilada antes da imersão no eletrólito. Utilizou-se reagente químico de qualidade analítica e água bidestilada para preparar a solução ácida de H_2SO_4. Salvo indicação em contrário, todas as medições foram efectuadas a 25°C em soluções naturalmente arejadas.

3.2. Ensaios electroquímicos

A estação de trabalho eletroquímica 1M6e Zahner Elektrik (GmbH, Metechnik, Kronach, Alemanha) foi utilizada para realizar experiências de potencial de circuito aberto, voltametria cíclica, espetroscopia de impedância eletroquímica e polarização [62]. O sinal de entrada para as medições de impedância foi tipicamente de 10 mV pico a pico no domínio da frequência 0,1-105 Hz [63-65]. A célula electrolítica era uma célula de três eléctrodos com um revestimento duplo totalmente em vidro. Como elétrodo auxiliar, foi utilizada uma folha de platina. Como elétrodo de referência, todos os potenciais foram medidos e registados utilizando um elétrodo Ag/AgCl.

3.3. Caracterização da superfície dos materiais

Foi utilizado um microscópio eletrónico de varrimento (SEM, Quanta 250 FEG, empresa FEI, Países Baixos) para examinar a forma da superfície de antimónio após polimento mecânico e anodização em solução de ácido sulfúrico 4,97 M . A topografia da superfície anodizada do antimónio foi examinada utilizando um microscópio de força atómica (AFM) com uma cabeça de sonda multifuncional da Thermomicroscope (Reino Unido).

4. resultados e discussão

4.1. Voltametria cíclica

A Figura 1 mostra voltamogramas cíclicos de um elétrodo de antimónio adquiridos com várias velocidades de varrimento na gama de potencial de - 0,8 a +0,8 V em solução de 4,97 M H_2SO_4. As reacções electroquímicas que ocorrem nas porções anódica e catódica da voltametria do antimónio foram examinadas anteriormente [34,36,49,66,67], pelo que nos concentraremos principalmente na porção anódica. O aumento da densidade da corrente através desta secção, como ilustrado na figura 1, é causado pela dissolução do antimónio ativo:

$$Sb + H_2O = SbO^+ + 2H^+ + 3e \quad (4)$$

Esta reação de dissolução ativa do Sb é controlada pela etapa de transferência de carga e pela difusão do SbO^+ para a solução a granel. A acumulação de SbO^+ na superfície do Sb a uma concentração elevada leva à produção de uma camada gelatinosa de $Sb(OH)SO_4$ e corresponde ao máximo de corrente no voltamograma cíclico:

$$SbO^+ + H^+ + SO_4^{2-} = Sb(OH)SO_{(4} \quad (5)$$

A dissolução do Sb é inibida após a formação da camada básica de sulfato na sua superfície e provoca uma diminuição da corrente. À medida que o potencial aumenta, ocorre a dissolução do antimónio e quando a taxa de produção anódica de iões antimónio excede a taxa de difusão dos iões sulfato da maior parte da solução para a superfície do Sb, forma-se a subcamada de hidróxido de antimónio:

$$Sb + 2H_2O = SbOOH + 3H^+ + 3e \quad (6)$$

Forma-se um patamar de corrente onde o crescimento e a dissolução da subcamada de SbOOH ocorrem aproximadamente à mesma velocidade. A altura do patamar de corrente aumenta à medida que a velocidade de varrimento aumenta.

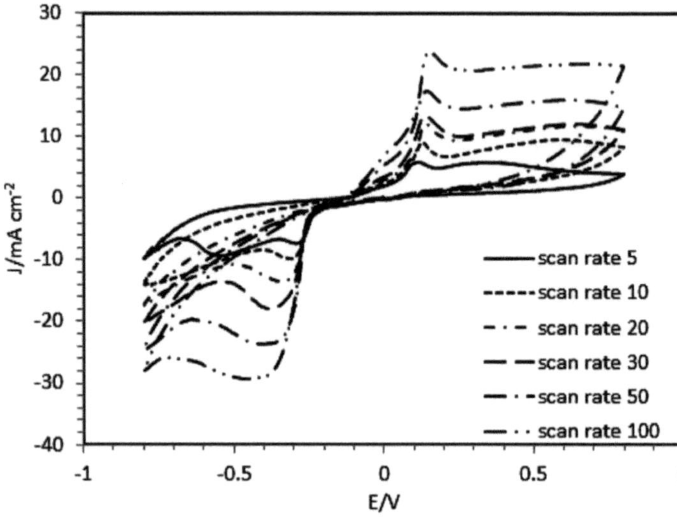

Figura 1: Voltamogramas cíclicos de Sb em 4,97 M H_2SO_4 a diferentes velocidades de varrimento em mV s^{-1}

A Figura 2 mostra uma relação linear entre a corrente de patamar i_{pl} e a raiz quadrada da velocidade de varrimento $v^{1/2}$ para o antimónio. Este resultado dá mais apoio ao mecanismo de migração de baixo campo para o crescimento da película de óxido sobre o Sb na solução de teste [38,67,68]:

$$i = 2\,ABE \qquad (7)$$

em que A e B são constantes, e o produto AB representa a condutividade iónica da camada anódica ao longo do crescimento. A fórmula seguinte representa a intensidade de campo E:

$$E = (zF/V_m)(v/i_{pl}) \qquad (8)$$

em que z é a valência do ião metálico, V_m é a massa molar da fase da camada anódica e F é a constante de Faraday. A equação seguinte pode ser derivada das equações (7) e (8):

$$i_{pl} = (2ABzF/V_m)^{1/2}\, v^{(1/2} \qquad (9)$$

Utilizando o declive da linha reta na figura 2 e a equação (9), podemos calcular a condutividade iónica (AB) da camada anódica sobre antimónio, que se verificou ser de $1{,}89 \times 10^{-5}$ S cm^{-1}.

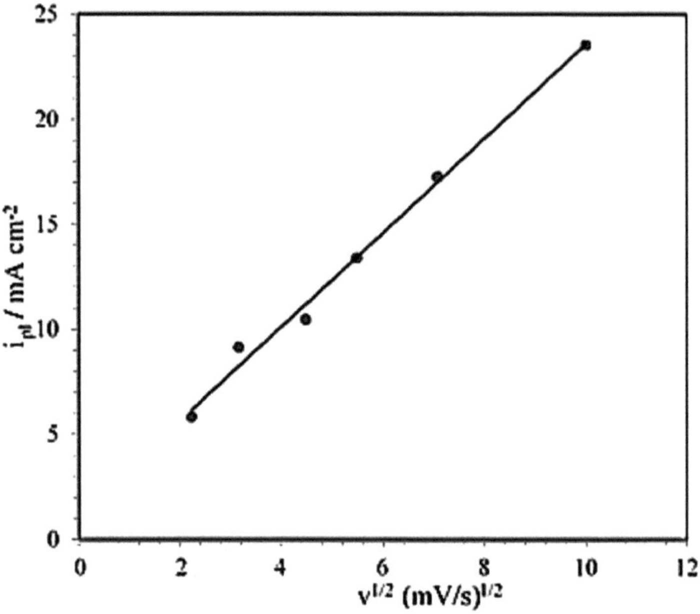

Figura 2: Dependência da corrente de patamar da velocidade de varrimento para o Sb em 4,97 M H_2SO_4

4.2. Medições EIS

4.2.1. Para superfícies de antimónio polidas mecanicamente

Os espectros de impedância de superfície do antimónio foram medidos numa solução 4,97 M de H_2SO_4 em diferentes tempos de imersão. Os gráficos de Nyquist dos dados experimentais são apresentados na figura 3. Como se pode ver nesta figura, o diâmetro do circuito capacitivo diminui à medida que aumenta o tempo de imersão do antimónio na solução de ensaio. Este facto sugere que a espessura da película passiva formada pelo ar na superfície de Sb examinada diminui com o tempo.

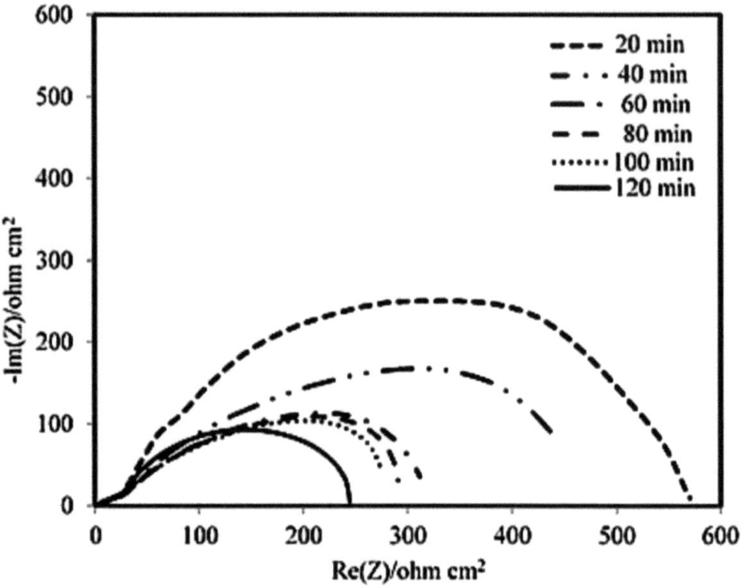

Figura 3: Gráficos de Nyquist de Sb em 4,97 M H_2SO_4 em função do tempo de imersão.

A Figura 4 apresenta um circuito elétrico equivalente para a adaptação dos espectros EIS aqui descritos. Os componentes do circuito são os seguintes: R_s, representa a resistência da solução; R_{ct} é a resistência à transferência de carga; Q_{dl} representa a capacitância de camada dupla com comportamento de elemento de ângulo de fase constante (CPE); Q_f corresponde à capacitância devida à natureza dieléctrica da película de superfície; e R_f é a resistência da película devida à película de superfície.

Foi estabelecido um circuito elétrico equivalente semelhante para a liga Ti-6Al-4V em aniões azida e halogeneto [69], H_3PO_4 [70] e HBr [71]. Uma vez que existe uma diferença entre a capacitância real e a capacitância pura, os espectros EIS podem ser simulados substituindo a capacitância C por um elemento de fase constante (CPE). A impedância do elemento de fase constante é dada por $Z= [Q\ (j\omega)^{\alpha}]^{-1}$, onde Q é a constante real independente da frequência do CPE, ω é a frequência angular ($\omega= 2\pi f$), $j = \sqrt{-1}$, e o parâmetro variável α relaciona-se com a rugosidade da superfície; varia de 1,0 para uma superfície impecavelmente lisa com ação capacitiva pura a 0,5 para uma superfície porosa [72,73]. O circuito elétrico equivalente tem duas constantes de tempo devido à película da superfície e à superfície do elétrodo.

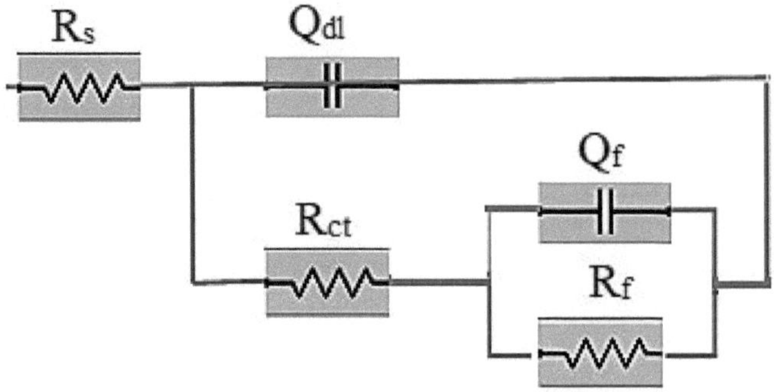

Figura 4: Modelo de circuito equivalente para adaptação dos dados experimentais EIS

Os parâmetros caraterísticos ajustados para os dados EIS do antimónio em ácido sulfúrico 4,97 M são apresentados na Tabela 1. A resistência passiva da película formada pelo ar (R_f) diminui com o aumento do tempo de imersão do antimónio em ácido sulfúrico, como se pode ver nesta tabela. A Figura 5 demonstra ainda que R_f diminui linearmente com o tempo a uma taxa de 3,35 ohm cm^2/min.

Tabela 1: Os parâmetros de ajuste para os dados experimentais de impedância do Sb em 4,97 M H_2SO_4 em diferentes tempos de imersão.

Time min	R_s Ω cm^2	R_{ct} Ω cm^2	$Q_{dl}\times10^6$ Ω^{-1} cm^{-2} s^n	R_f Ω cm^2	$Q_f\times10^6$ Ω^{-1} cm^{-2} s^n	α
20	2	33	113	570	3.79	0.86
40	2	31	124	489	3.86	0.83
60	2	29	135	398	3.90	0.85
80	2	28	139	341	3.97	0.82
100	2	27	142	276	4.12	0.84
120	2	25	147	234	4.88	0.87

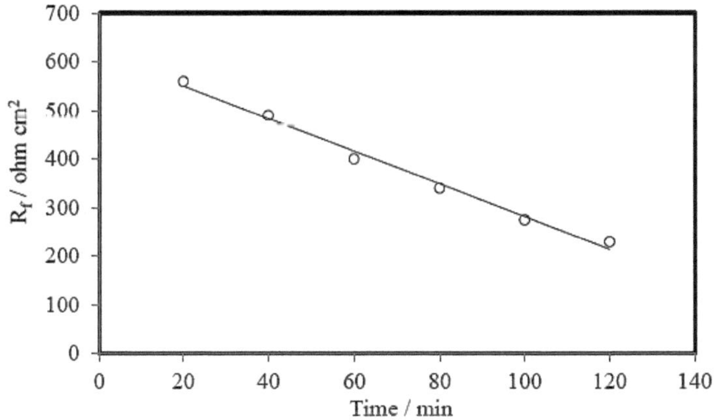

Figura 5: Variação da resistência da película formada pelo ar, R_f, na superfície de Sb com o tempo de imersão em 4,97 M H_2SO_4.

4.2.2. Para a superfície de antimónio anodizado

A polarização anódica da superfície de antimónio polida mecanicamente em 4,97 M H_2SO_4 a um potencial constante de 0,5 V foi realizada durante 20 minutos. O elétrodo de antimónio foi então retirado da célula de polarização e colocado numa nova solução de H_2SO_4 com a mesma concentração, onde o EIS foi monitorizado em diferentes intervalos de tempo. A Figura 6 ilustra que o diâmetro semicírculo diminui à medida que aumenta o tempo de imersão das películas passivas anódicas sobre antimónio na solução ácida concentrada.

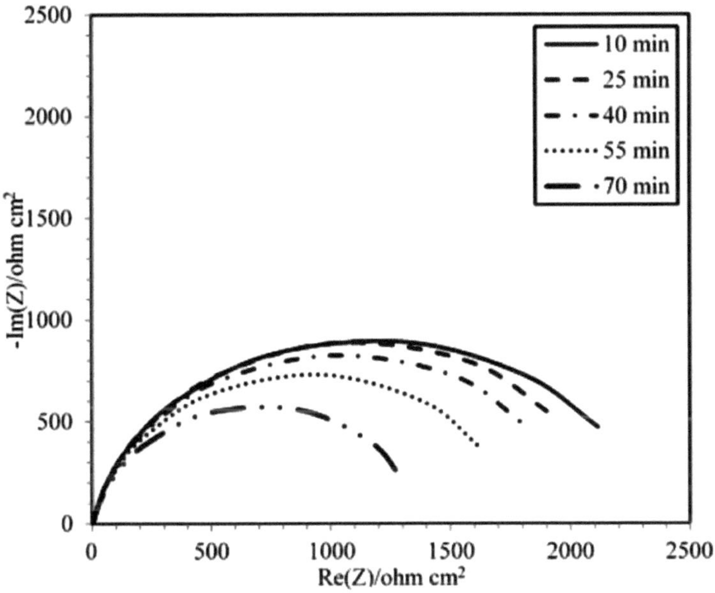

Figura 6: Gráficos de Nyquist da superfície de antimónio anodizado em 4,97 M H_2SO_4 em função do tempo de imersão.

Como mostra a figura 7, a resistência do filme, R_f, do filme anódico gerado sobre o antimónio diminui com o tempo na solução ácida a uma taxa de 14,67 ohm cm^2/min. Isto deve-se à dissolução da película de óxido anódico sobre antimónio no H_2SO_4 concentrado. A resistência da película anódica diminui a uma taxa mais elevada (14,67 ohm cm2/min) do que a resistência da película formada pelo ar (3,35 ohm cm2/min), mostrando que a película anódica tem propriedades mais defeituosas do que a película formada pelo ar. Este facto foi observado anteriormente para a película anódica cultivada sobre titânio em solução de NaF. [74].

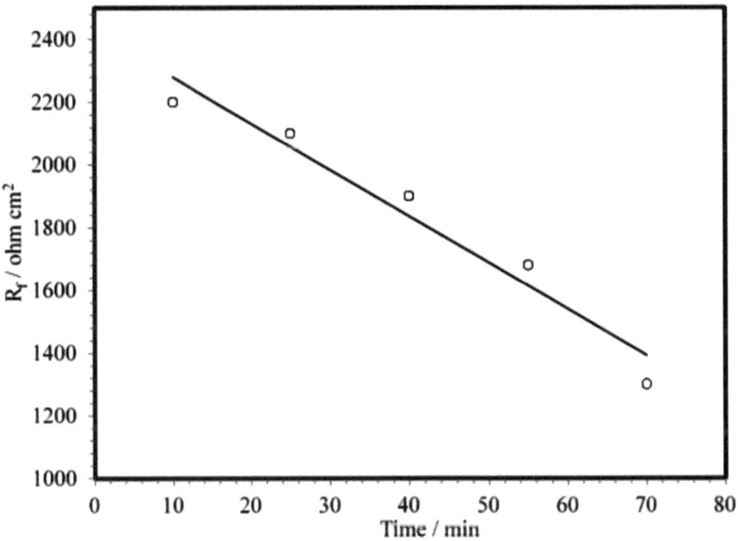

Fig. 7. Variação da resistência da película, R_f, da superfície anodizada com o tempo de imersão em 4,97 M H_2SO_4.

A figura 8 mostra a micrografia SEM da superfície de antimónio polida mecanicamente. Esta figura ilustra riscos e imperfeições na película formada pelo ar sobre o Sb, que são curados pela formação de uma camada anódica lisa sobre a superfície do metal na solução ácida, como mostra a micrografia SEM na figura 9. A figura 10 mostra uma imagem AFM da camada anódica sobre Sb, demonstrando que a película é homogénea e sem poros.

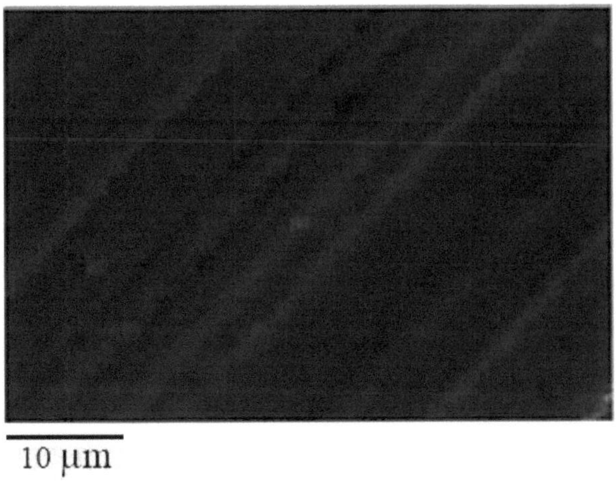

Figura 8: Micrografia SEM da superfície de antimónio polida mecanicamente

Figura 9: Micrografia SEM da película anódica formada sobre antimónio durante 20 min a 0,5 V em 4,97 M H_2SO_4

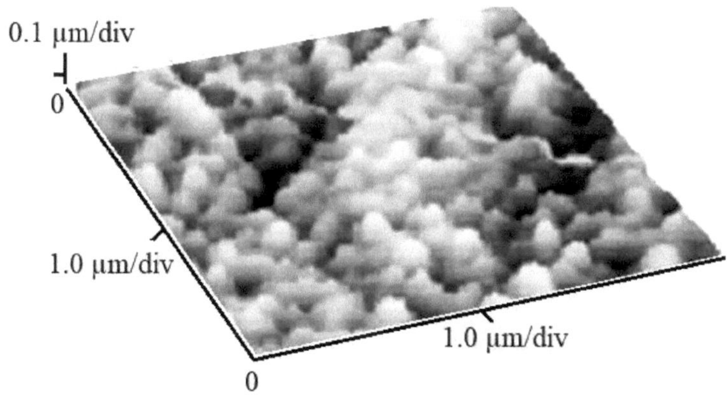

Figura 10: Imagem AFM da película anódica formada sobre antimónio durante 20 min a 0,5 V em 4,97 M H_2SO_4

4.3. Medições de polarização

O elétrodo de antimónio foi imerso na solução de ensaio até ser atingido o potencial de circuito aberto em estado estacionário antes das medições de polarização. A Figura 11 mostra as curvas de µpolarização do antimónio numa solução 4,97 M de H_2SO_4 a várias temperaturas. A diferentes temperaturas, a Tabela 2 ilustra a densidade da corrente de corrosão, I_{corr}, o potencial de corrosão, E_{corr}, e a taxa de corrosão do antimónio em mpy em ácido sulfúrico 4,97 M. Os resultados desta tabela revelam que quando a temperatura de polarização aumenta, a taxa de corrosão do antimónio aumenta.

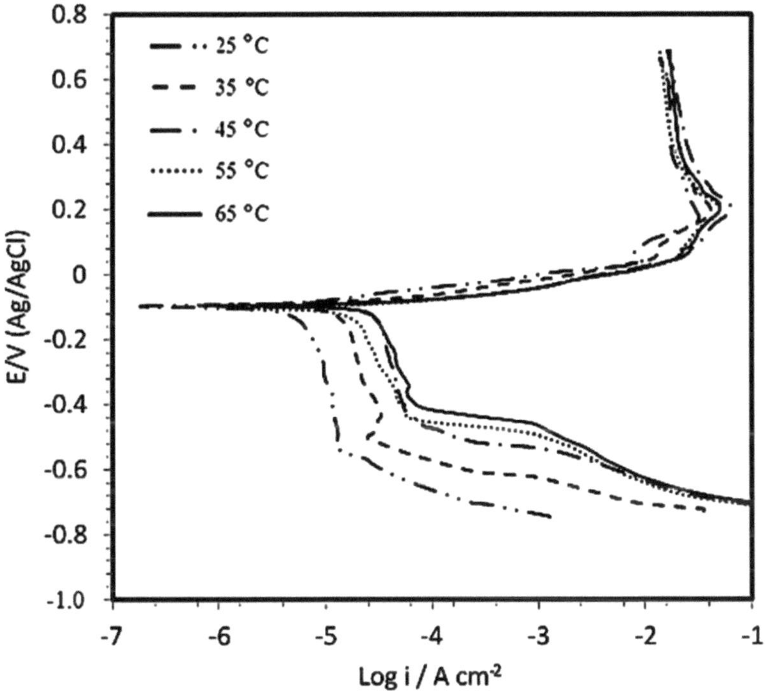

Figura 11: Polarização potenciodinâmica do Sb em 4,97 M H_2SO_4 a diferentes temperaturas

Tabela 2: Parâmetros de corrosão do Sb em 4,97 M H_2SO_4 a diferentes temperaturas

Temperature °C	E_{corr} mV	I_{corr} $\mu A\ cm^{-2}$	R_{corr} mpy
25	-102	107	128
35	-88	275	329
45	-87	367	440
55	-85	401	481
65	-81	598	715

A relação entre a densidade da corrente de corrosão, Icorr, e a temperatura é regida pela equação de Arrhenius [75]:

$$\frac{d \log I_{corr}}{d\left(\frac{1}{T}\right)} = -\frac{E_a}{2.303\, R} \quad (10)$$

em que E_a é a energia de ativação aparente do processo de corrosão, R é a constante dos gases (8,314 J/mol K) e T é a temperatura absoluta (K). A Figura 12 mostra o gráfico de Arrhenius para o antimónio em 4,97 M de H_2SO_4. A energia de ativação aparente do processo de corrosão para o antimónio na solução de ensaio é de 32,3 kJ/mol. Para o antimónio em 4,97 M H_2SO_4, os parâmetros do processo de corrosãoΔ H eΔ S são 29,7 kJ/mol e 93,1 kJ/mol K, respetivamente.

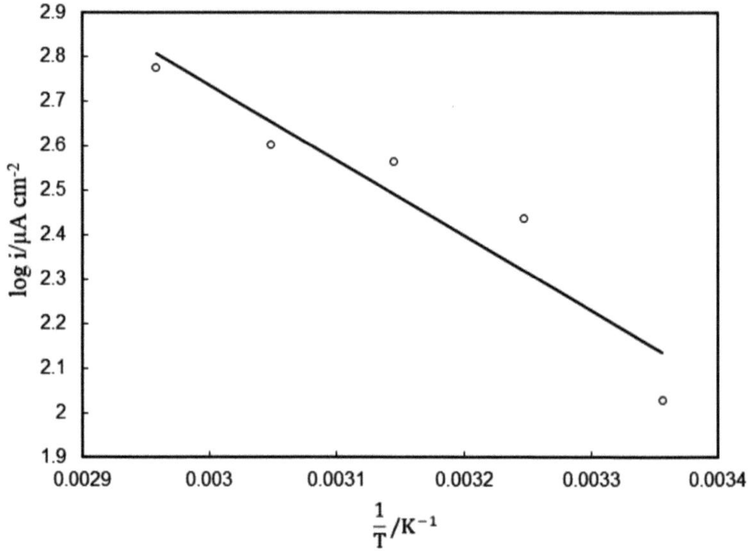

Figura 12: Gráficos de Arrhenius da corrosão do Sb em 4,97 M H_2SO_4

5.Resumo

Voltametria cíclica

Os voltamogramas cíclicos de um elétrodo de antimónio foram realizados com várias velocidades de varrimento na gama de potencial de -0,8 a +0,8 V em solução de 4,97 M H_2SO_4. As reacções electroquímicas que ocorrem nas partes anódica e catódica da voltametria do antimónio foram examinadas anteriormente, pelo que nos concentraremos principalmente na parte anódica. O aumento da densidade da corrente nesta secção é causado pela dissolução do antimónio ativo:

$$Sb + H_2O = SbO^+ + 2H^+ + 3e \qquad (4)$$

Esta reação de dissolução ativa do Sb é controlada pela etapa de transferência de carga e pela difusão do SbO^+ para a solução a granel. A acumulação de SbO^+ na superfície do Sb a uma concentração elevada leva à produção de uma camada gelatinosa de $Sb(OH)SO_4$ e corresponde ao máximo de corrente no voltamograma cíclico:

$$SbO^+ + H^+ + SO_4^{2-} = Sb(OH)SO_4 \qquad (5)$$

A dissolução do Sb é inibida após a formação da camada básica de sulfato na sua superfície e provoca uma diminuição da corrente. À medida que o potencial aumenta, ocorre a dissolução do antimónio e quando a taxa de produção anódica de iões antimónio excede a taxa de difusão dos iões sulfato da maior parte da solução para a superfície do Sb, forma-se a subcamada de hidróxido de antimónio:

$$Sb + 2H_2O = SbOOH + 3H^+ + 3e \qquad (6)$$

Forma-se um patamar de corrente onde o crescimento e a dissolução da subcamada de SbOOH ocorrem aproximadamente à mesma velocidade. A altura do patamar de corrente aumenta à medida que a velocidade de varrimento aumenta.

Obteve-se uma relação linear entre a corrente de patamar ipl e a raiz quadrada da taxa de varrimento $v^{1/2}$ para o antimónio. Este resultado dá mais apoio ao mecanismo de migração de baixo campo para o crescimento da película de óxido sobre o Sb na solução de teste:

$$i = 2\ ABE \qquad (7)$$

em que A e B são constantes, e o produto AB representa a condutividade iónica da camada anódica ao longo do crescimento. A fórmula seguinte representa a intensidade do campo E:

$$E = (zF/Vm)(v/i_{pl}) \qquad (8)$$

em que z é a valência do ião metálico, V_m é a massa molar da fase da camada anódica e F é a constante de Faraday. A equação seguinte pode ser derivada das equações (7) e (8):

$$i_{pl} = (2ABzF/V_m)^{1/2}\ v^{1/2} \qquad (9)$$

Calculou-se a condutividade iónica (AB) da camada anódica sobre o antimónio, que se revelou ser de $1{,}89 \times 10^{-5}$ S cm^{-1}.

Medições EIS para superfícies de antimónio polidas mecanicamente

Os espectros de impedância de superfície do antimónio foram medidos numa solução 4,97 M H_2SO_4 em diferentes tempos de imersão. Os dados dos gráficos de Nyquist mostraram que o diâmetro do circuito capacitivo diminui com o aumento do tempo de imersão do antimónio na solução de ensaio. Este facto sugere que a espessura da película passiva formada pelo ar na superfície de Sb examinada diminui com o tempo.

O circuito elétrico equivalente para ajustar os espectros EIS é constituído por : R_s, representa a resistência da solução; R_{ct} é a resistência à transferência de carga; Q_{dl} denota a capacitância de dupla camada com comportamento de elemento de ângulo de fase constante (CPE); Q_f corresponde à capacitância devida à natureza dieléctrica da película de superfície; e R_f é a resistência da película devida à película de superfície.

Uma vez que existe uma diferença entre a capacitância real e a capacitância pura, os espectros EIS podem ser simulados substituindo a capacitância C por um elemento de fase constante (CPE). A impedância do elemento de fase constante é dada por $Z = [Q\,(j\omega)^{\alpha}]^{-1}$, onde Q é a constante real independente da frequência do CPE, ω é a frequência angular ($\omega = 2\pi f$), $j = \sqrt{-1}$, e o parâmetro variável α está relacionado à rugosidade da superfície; varia de 1,0 para uma superfície perfeitamente lisa com ação capacitiva pura a 0,5 para uma superfície porosa. O circuito elétrico equivalente tem duas constantes de tempo devido à película de superfície e à superfície do elétrodo.

Os parâmetros caraterísticos ajustados para os dados EIS do antimónio em ácido sulfúrico 4,97 M mostraram que a resistência da película formada pelo ar (R_f) diminui com o aumento do tempo de imersão do antimónio em ácido sulfúrico. Verificou-se que R_f diminui linearmente com o tempo a uma taxa de 3,35 ohm cm^2/min.

Medições EIS para superfícies de antimónio anodizado

A polarização anódica da superfície de antimónio polida mecanicamente em 4,97 M H_2SO_4 a um potencial constante de 0,5 V foi realizada durante 20 minutos. O elétrodo de antimónio foi então retirado da célula de polarização e colocado numa nova célula de H_2SO_4
solução da mesma concentração, onde o EIS foi monitorizado em diferentes intervalos de tempo. Os resultados mostraram que o diâmetro semicírculo diminui à medida que aumenta o tempo de imersão das películas passivas anódicas sobre antimónio na solução ácida concentrada. A resistência da película, R_f, da película anódica gerada sobre o antimónio diminui com o tempo na solução ácida a uma taxa de 14,67 ohm cm2/min. Isto deve-se à dissolução da película de óxido anódico sobre antimónio no H_2SO_4 concentrado. A resistência da película anódica diminui a uma taxa mais elevada (14,67 ohm cm2/min) do que a resistência da película formada pelo ar (3,35 ohm cm2/min), mostrando que a película anódica tem propriedades mais defeituosas do que a película formada pelo ar. A micrografia SEM para o antimónio polido mecanicamente ilustrou riscos e imperfeições na película formada ao ar sobre Sb, que são curados pela formação de uma camada anódica lisa na superfície do metal na solução ácida. Uma imagem AFM da camada anódica sobre Sb demonstra que a película é homogénea e não tem poros.

Medições de polarização

O elétrodo de antimónio foi imerso na solução de teste até ser atingido o potencial de circuito aberto em estado estacionário antes das medições de polarização. Os dados de polarização do antimónio em solução de 4,97 M H_2SO_4 a várias temperaturas indicaram que, à medida que a temperatura de polarização aumenta, a taxa de corrosão do antimónio aumenta. A relação entre a densidade da corrente de corrosão, I_{corr}, e a temperatura é regida pela equação de Arrhenius:

$$\frac{d \log I_{corr}}{d\left(\frac{1}{T}\right)} = -\frac{E_a}{2.303\ R} \qquad (10)$$

em que E_a é a energia de ativação aparente do processo de corrosão, R é a constante dos gases (8,314 J/mol K) e T é a temperatura absoluta (K). A energia de ativação aparente do processo de corrosão para o antimónio na solução de ensaio é de 32,3 kJ/mol. Os parâmetros do processo de corrosãoΔ H eΔ S para o antimónio em 4,97 M H_2SO_4 são 29,7 kJ/mol e 93,1 kJ/mol K, respetivamente.

6. Referências

1. M. Pourbaix, Atlas of Electrochemical Equilibrium in Aqueous Electrolyte at 25 °C, Bruxelas, Bélgica: Pergamon press, Cebelcor (1966) p.524.
2. A. G. Debus, Bull. História da Medicina, 74 (2000) 362.
3. G. S. Brady, Materials Handbook, Décima edição, McGraw Hills Book Company, Nova Iorque (1971) p.64.
4. T. Take, K. Akuto, Electr. Commun., 36 (1988) 5.
5. D. Mukerjee , S. Guruviah, Key Eng. Mater., 20 (1988) 20.
6. F. Sjoberg, G. Nilsson , U. Gustafsson, Med. Biol. Eng. Comput., 35 (1997) 207.
7. A. Uhl, W. Kestranek, Monatsch, 44 (1923) 29.
8. R. Brinkman, F.J. Bvytendiyk, J. Biochem. Z., 199 (1928) 387.
9. J.T. Stock, W.C. Purdy, L.M. Garcia, Chem. Rev., 58 (1958) 611.
10. A. G. Lopes, M. De Mello-Aires, . Malnic, Braz. J. Med. Biol. Res., 14 (1981) 29.
11. P. Ask, G. Edwall, K.E. Johansson , L. Tibbing, Med. Biol. Eng. Comput., 20 (1982) 383.
12. B.S. Chauhan , K.S. Pitre, J. Inst. Chem., 55 (1983) 191.
13. L. N. Solodkova, Z.A.Soloveva , A.T.Vagramyan, Zashch. Met.,6 (1970) 606.
14. J. S. Kumar, G. Naragana, M. Chandra, U.V. Subba Roa , V.H. Babu, Phys. Status Solidi A, 78 (1983) 647.
15. S.M. Patel , V. George, Indian J. Phys. A, 52 (1978) 77.
16. M. Metikos-Hukovic, B. Lovrecek, Electrochim. Ata, 25 (1980) 717.

17. Toppan Printing Co. Ltd. Jpn. Kokai Tokkyo Koho JP 57, 202, 523 (82, 202, 523) (Cl. G02FI/17) 11 Dez. (1982).
18. U. Chowdhry, J.R. Barkley, A.D. English , A.W. Sleight, Mater Res Bull., 17 (1982) 917.
19. A. Riad Tourky , A.A. Mousa, J. Chem. Soc., 752 (1948).
20. A. Riad Tourky , A.A. Mousa, J. Chem. Soc., 756 (1948).
21. H. H. Uhling, Corrosion Sci., 19 (1979) 777.
22. L. Young, Anodic Oxide Films, Academic Press London, (1961) p.4.
23. A. Giintherschulze , H. Betz, Z. Elektro Chem., 37 (1931) 730.
24. A. Giintherschulze , F. Keller, Z. Physik, 75 (1932) 78.
25. S.E.S. El-Wakkad , A. Hickling, J. Phys. Chem., 57 (1953) 203.
26. E. Bishop , G.D. Short, Anal. Chem., 37 (1965) 962.
27. I.A. Ammar , A. Saad, J. Electroanal. Chem., 30 (1971) 395.
28. I.A. Ammar ,A. Saad, J. Electroanal. Chem., 34 (1972) 159.
29. L.L. Wikstrom , Ken Nobe, Corrosion, 31 (1975) 364.
30. A. Riad Tourky, A. A. Mousa, J. Chem. Soc., 759 (1948).
31. C. R. Dutta, K. Barua, Indian J. Phys. A, 56 (1982) 323.
32. M. Metikos-Hukovic , B. Lovrecek, Electrochim. Ata, 23 (1978) 1371.
33. W.A. Badawy, Thin Solid Films, 186 (1990) 59.
34. D. Pavlov, M. Bojinov, T. Laitinen , G. Sundhol, Electrochim.Ata, 36 (1991) 2087.
35. T. Laitinen, H. Revitzer, G. Sundholm, J.K. Vilhunen, D. Pavlov , M. Bojinov, Electrochim. Ata, 36 (1991) 2093.
36. M. Bojinov , D. Pavlov, J. Electroanal. Chem., 315 (1991) 201.

37. M. Bojinov , D. Pavlov, J. Electroanal. Chem., 346 (1993) 339.

38. M. Bojinov, I. Kanazirski , A. Girginov, Electrochem. Ata, 40, (1995) 873.

39. A.S. Mogoda, W.A. Badawy , M.M. Ibrahim, Bull. Electrochem.India, 11 (1995) 281.

40. M. Bojinov, I. Kanazirski , A. Girginov, Electroanal. Chem. 431(1997) 117.

41. Grube , Schweigardt, Z. Elektrochem, 29 (1923) 267.

42. A. K. M. Huq, A.J. Rosenberg , A.C. Makrides, J. Electrochem.Soc., 111 (1964) 278.

43. A. K. M. Huq , A.J. Rosenberg, Electrochem. Soc., 111 (1964) 270.

44. H. C. Wu, Y.F. Shao, T.K. Chou , M.K. Tung, Hua Hsueh Hsueh Pao, 31 (1965) 277.

45. V. P. Gladysheva , T.F. Prokofeva, Doc. depositado, SPSTL Khp- D 82, 12 pp. (RUSS), Disponível. (RUSS), Disponível. SPSTL (1982).

46. N. I. Gusev, N.N. Zhilina , V.M. Afanasev, Depositado Doc., VINITI 2676-82, 15 PP. (RUSS) Disponível. VINITI (1982).

47. L. L. Wikstrom , Ken Nobe, J. Appl. Electrochem., 14 (1984) 257.

48. A.G. Gad Allah, S.A. Salih, M.M. Hefny e A.S. Mogoda, Corrosion, 46 (1990) 214.

49. D. Pavlov, M. Bojinov, T. Laitinen e G. Sundholm, Electrochim. Ata, 36 (1991) 2081.

50. S. S. El-Egamy, Corrosion, 62 (2006) 739.

51. M.S. El-Basiouny, M.M.Hefny, A.S.Mogoda,Annali di Chimica 74 (1984

729

52. M.S.El-Basiouny, M.M.Hefny, A.S. Mogoda, Corrosion, 41 (1985) 611

53. M.M.Hefny,W.A.Badawy, A.S.Mogoda,M.S. El-Basiouny,Electrochim.Ata, 30 (1985) 1017

54. W. A. Badawy, A. S. Mogoda,M.M. Ibrahim Electrochim.Ata 33 (1988) 1367

55. A.S.Mogoda,W.A. Badawy,M.M.Ibrahim, Indian J.Chem.Technol.2 (1995)217

56. A.S.Mogoda, Thin Solid Films 394 (2001) 174

57. A.S.Mogoda, T.M. Abd El-Haleem, Corrosion 59 (2003) 3

58. A.S.Mogoda, T.M. Abd El-Haleem Thin Solid Films 441(2003) 6

59. T.Laitinen,K. Salmi,G.Sundholm,B.Morahovt,D Pavlovt Electrochim. Ata 36 (1991) 605

60. D.Pavlov,B.Monahov,G.Sundholm,T. Laitinen J.Electroana.Chem.305(1991)57

61. B.Monahov, D. Pavlov, J. Electrochem. Soc. 141 (1994) 2316

62. G.H.El-Nowihy, M.S. El-Deab, Electrochem. Soc. 169 (2022) 046508

63. A.S.Mogoda, A.R. Farag, Silicon 14 (2022) 11405

64. A.S.Mogoda, K.M.Zohdy,M.A. Aboutabl, Silicon 14 (2022) 2573

65. A.S.Mogoda,K.M. Zohdy 2022 Int. J. Electrochem.Sci.17 (2022) 22012

66.M.Metikos-Hukovic,R.Babic,S.Omanovic J.Electroanal.Chem.374(1994) 199

67.M. Metikos-Hukovic,R.Babic,S. Brinic,J.Power Sources 157(2006)

68.D. Williams,G.A. Wright, Electrochim. Ata 21(1976) 1009

69.F.El-Taib Heakal, A.A. Ghoneim,A.S. Mogoda,A. Awad Kh Corros.Sci. (2011) 2728

70. A.A.Ghoneim,A.S. Mogoda,A. Awad, F.El-Taib Heakal, Int. J. Electrochem.
Sci. **7** (2012) 6539

71. A.A.Ghoneim, F.El-Taib Heakal,A.S. Mogoda,A. Awad Kh, Surf. Anal. 42 (2010)1695

72. K. Juttner, Electrochim. Ata 35 (1990) 1501

73. U. Rammelt, G. Reinhard, Electrochim. Ata 35 (1990) 1045

74. A. S. Mogoda, K. M. Zohdy, Int. J. Electrochem. Sci.15 (2020) 8070

75. P. W. Atkins, Physical Chemistry (Oxford University Press) 1998 P. 864

MIX
Papier aus verantwortungsvollen Quellen
Paper from responsible sources
FSC® C105338

Printed by Books on Demand GmbH, Norderstedt / Germany